重庆市三峡库区滑坡涌浪灾害评价与风险评估技术要求

Technical Requirements for Hazard and Risk Assessment of Landslide-triggered Water Waves in the Three Gorges Reservoir Area in Chongqing

陈丽霞　杜　娟　张　文
汪　洋　殷坤龙　马　飞　等编著

中国地质大学出版社
CHINA UNIVERSITY OF GEOSCIENCES PRESS

图书在版编目(CIP)数据

重庆市三峡库区滑坡涌浪灾害评价与风险评估技术要求/陈丽霞等编著. —武汉:中国地质大学出版社,2020.12
ISBN 978-7-5625-4940-6

Ⅰ.①重…
Ⅱ.①陈…
Ⅲ.①三峡水利工程-滑坡-涌浪-研究-重庆
Ⅳ.①TV697.3

中国版本图书馆 CIP 数据核字(2020)第 241001 号

重庆市三峡库区滑坡涌浪灾害评价与风险评估技术要求	陈丽霞　杜　娟　张　文 汪　洋　殷坤龙　马　飞	等编著

责任编辑:谢媛华	选题策划:谢媛华	责任校对:张咏梅

出版发行:中国地质大学出版社(武汉市洪山区鲁磨路 388 号)　邮政编码:430074
电话:(027)67883511　　传真:(027)67883580　　E-mail:cbb@cug.edu.cn
经　　销:全国新华书店　　　　　　　　　　　　　http://cugp.cug.edu.cn

开本:880 毫米×1 230 毫米 1/32　　　　字数:54 千字　　　印张:1.875
版次:2020 年 12 月第 1 版　　　　　　　印次:2020 年 12 月第 1 次印刷
印刷:武汉市籍缘印刷厂

ISBN 978-7-5625-4940-6　　　　　　　　　　　　　　　　　　定价:28.00 元

如有印装质量问题请与印刷厂联系调换

前　言

　　水库滑坡涌浪灾害是水库运行阶段重要的灾害类型之一。三峡库区自 2003 年蓄水以来已经发生数起滑坡涌浪灾害和滑坡涌浪灾害险情，造成了重大的损失，因险情处置被迫封锁长江航道而导致的间接经济损失和社会影响更是库区地质灾害防治工作面临的巨大挑战。2009年，三峡水库进入正常蓄水位运行状态，库岸斜坡受蓄水水位周期性变化的影响，潜在滑坡的失稳和古滑坡的复活对水库的安全运行、航道及库区人民的生命财产安全造成了重大安全隐患，潜在风险巨大。同时，滑坡涌浪灾害险情预测和处置难度极大，是目前三峡库区地质灾害风险防控的重点和难点。

　　滑坡涌浪灾害评价与风险评估是开展水库区滑坡涌浪灾害防治和早期预警的重要依据，该项工作有利于提高滑坡涌浪应急预警能力和提升滑坡涌浪灾害风险防控能力，既具有重要的科学意义，又具有重大的社会效益。

　　在水库滑坡涌浪风险评估研究方面，目前国内外尚无系统全面的成果。已有的标准、规范、技术要求或针对滑坡涌浪的试验及监测技术与方法，无法满足重庆市三峡库区涌浪灾害风险防控的实际需求。为使滑坡涌浪防治工作科学化和规范化，特制定《重庆市三峡库区滑坡涌浪灾害评价与风险评估技术要求》。

　　本技术要求是在总结三峡库区滑坡涌浪灾害形成机理与风险评估科学研究、减灾防灾与应急管理实践工作经验的基础上，紧密结合重庆市三峡库区地质环境特点和滑坡涌浪规律编制完成的。本技术要求的编写依托了中国地质大学（武汉）已实施完成的科研项目及其成果，包括三峡库区三期重大地质灾害防治工程科研项目"三峡水库滑坡涌浪计算与预测研究及库区重大危险性滑坡涌浪危害预测评价"、重庆市地质灾害防治中心科研项目"三峡工程重庆库区蓄降水诱发地质灾害成因分析与风险评估研究"、国家自然科学基金项目"三峡库区库岸滑坡及其次生涌浪灾害风险预测研究"和"三峡水库滑坡首浪形成机理及物理模拟实验研究"等。本技术要求共包括 11 个部分，主要内容涉及范围、规范性引用文件、术语和定义、基本规定、滑坡和河道地质环境条件调查、承灾体调查、滑坡稳定性与破坏概率计算、滑坡运动速度计算、滑坡涌浪计算、滑坡涌浪风险评估、成果提交等。

本技术要求附录 A 为规范性附录，附录 B、C、D、E、F 均为资料性附录。

本技术要求组织单位：重庆市规划和自然资源局。

本技术要求编制单位：中国地质大学（武汉）、重庆市地质灾害防治中心。

本技术要求主要起草人：陈丽霞、杜娟、张文、汪洋、殷坤龙、马飞、桂蕾、张宇、李烨、刘继芝娴。

目　次

1 范围 …………………………………………………………………………………… 1
2 规范性引用文件 ……………………………………………………………………… 1
3 术语和定义 …………………………………………………………………………… 2
4 基本规定 ……………………………………………………………………………… 3
　4.1 一般规定 ………………………………………………………………………… 3
　4.2 工作程序 ………………………………………………………………………… 6
5 滑坡和河道地质环境条件调查 ……………………………………………………… 6
　5.1 一般规定 ………………………………………………………………………… 6
　5.2 其他规定 ………………………………………………………………………… 7
6 承灾体调查 …………………………………………………………………………… 7
　6.1 一般规定 ………………………………………………………………………… 7
　6.2 滑坡体上承灾体调查 …………………………………………………………… 7
　6.3 滑坡涌浪沿岸承灾体 …………………………………………………………… 8
　6.4 涌浪范围内航区承灾体调查 …………………………………………………… 9
7 滑坡稳定性与破坏概率计算 ………………………………………………………… 9
　7.1 一般规定 ………………………………………………………………………… 9
　7.2 滑坡稳定性计算 ………………………………………………………………… 11
　7.3 滑坡破坏概率计算 ……………………………………………………………… 12
8 滑坡运动速度计算 …………………………………………………………………… 13
　8.1 计算方法 ………………………………………………………………………… 13
　8.2 数据要求 ………………………………………………………………………… 13
　8.3 成果要求 ………………………………………………………………………… 14
9 滑坡涌浪计算 ………………………………………………………………………… 14

Ⅲ

  9.1 计算方法 ·· 14

  9.2 数据要求 ·· 14

  9.3 成果要求 ·· 16

10 滑坡涌浪风险评估 ·· 16

  10.1 一般规定 ··· 16

  10.2 滑坡涌浪风险定量评估 ····································· 16

  10.3 航道的涌浪风险定性评估 ··································· 23

  10.4 滑坡涌浪风险防控措施建议 ································· 24

11 成果提交 ·· 25

  11.1 一般规定 ··· 25

  11.2 评估报告 ··· 25

  11.3 区域滑坡涌浪灾害风险图编制 ······························· 26

  11.4 单体滑坡涌浪灾害风险图编制 ······························· 26

附录 A（规范性附录） 三峡库区滑坡涌浪灾害评价与风险评估工

           作技术流程 ·································· 28

附录 B（资料性附录） 滑坡涌浪灾害承灾体调查表 ··············· 29

附录 C（资料性附录） 可靠度计算方法 ·························· 33

附录 D（资料性附录） 滑坡运动速度计算方法 ···················· 41

附录 E（资料性附录） 滑坡涌浪计算方法 ························ 45

附录 F（资料性附录） 滑坡涌浪灾害评价与风险评估成果 ········· 49

1 范围

本技术要求规定了重庆市三峡库区滑坡涌浪灾害评价与风险评估工作的技术规则。

本技术要求适用于重庆市三峡库区滑坡涌浪灾害评价与风险评估,重庆市其他区域的滑坡及崩塌灾害评价与风险评估可参照本技术要求执行。

2 规范性引用文件

本技术要求主要引用和参考的规范文件如下所示。凡是注日期的引用文件,仅所注日期的版本适用于本技术要求。凡是不注日期的引用文件,其最新版本(包括所有的修改单)适用于本技术要求。

岩土工程勘察规范(GB 50021)
建筑边坡工程技术规范(GB 50330)
地质灾害防治工程勘查规范(DB50/T 143)
地质灾害危险性评估技术规范(DB50/T 139)
水电水利工程滑坡涌浪模拟技术规程(DL/T 5246)
滑坡涌浪模拟技术规程(SL/T 165)
三峡库区地质灾害防治工程勘查技术要求(2012)
三峡库区地质灾害防治工程设计技术要求(2012)
内河船舶法定检验技术规则(2019)
风暴潮、海浪、海啸和海冰灾害应急预案(2012)
海啸灾害风险评估和区划技术导则(2016)
武陵山区城镇地质灾害风险评估技术指南及案例分析(2019)
工程设计资质标准(2007)

3 术语和定义

下列术语和定义适用于本技术要求。

3.1 滑坡 Landslide

斜坡上的岩土体在重力作用下所产生的以水平运动为主的滑动现象。

3.2 滑坡涌浪 Landslide-generated waves

滑坡以一定的速度滑入水体而产生的水波。

3.3 首浪 Leading wave

滑坡失稳以一定速度滑入水体中,在入水点及其附近产生的首列实体波浪。

3.4 首浪高度 Leading wave crest amplitude

首浪的最大波峰高度。

3.5 传播浪高 Propagated wave crest amplitude

涌浪在水体传播过程中,波峰与未受扰动时水位之间的高差。

3.6 滑坡涌浪爬坡高度 Run up of landslide-generated waves

涌浪沿岸坡坡面爬升的最大高度与滑坡发生前河道初始水位的高差。

3.7 承灾体 Element at risk

滑坡涌浪危害或影响的人口、财产、资源与环境等。

3.8 滑坡涌浪影响范围　Influence scope of landslide-generated waves

滑坡涌浪在传播和爬坡过程中能够对承灾体造成损失的河道区域的空间范围。

3.9 滑坡涌浪危险性　Hazard of landslide-generated waves

特定水域范围、特定时期内因滑坡而诱发的涌浪发生的概率。在描述滑坡涌浪危险性时,还可包括涌浪的首浪高度、传播距离、传播浪高度、爬坡高度等。

3.10 易损性　Vulnerability

滑坡涌浪灾害以一定的强度(浪高、波速、传播范围等)发生对承灾体可能造成的损失程度,用 0～1 的区间来表示,0 表示无损失,1 表示完全损失。

3.11 滑坡涌浪风险　Risk of landslide-generated waves

滑坡涌浪可能造成的人员伤亡、经济损失、资源与环境破坏等,由滑坡涌浪的危险性、承灾体的易损性与承灾体的生命属性或价值特征综合确定。

3.12 滑坡涌浪风险评估　Risk assessment for landslide-generated waves

滑坡涌浪对各类承灾体可能造成的风险估算。

4 基本规定

4.1 一般规定

4.1.1 滑坡涌浪灾害评价与风险评估的主要内容包括不同工况下滑坡稳定性和破坏概率计算,危险工况下的滑坡运动速度、入江规模、入江体积和滑坡涌浪高度计算与评价,针对沿岸居民、建筑、码头、船只等承灾体,开展滑坡涌浪风险评估。

4.1.2 滑坡涌浪灾害评价与风险评估首先应收集已有的滑坡地质环境条件、河道地质环境条件、承灾体特征等资料。对于没有以上资料的滑坡,应委托专门单位开展地质调查和勘查,以查清滑坡地质环境条件和河道地质环境条件。

4.1.3 滑坡涌浪灾害评价与风险评估应在充分分析已有资料的基础上,结合补充地质调查和勘查等方法,开展计算和评价工作。

4.1.4 滑坡涌浪危害程度根据滑坡失稳后的动能特征和承灾体重要性分为3个等级(表1)。

表1 滑坡涌浪危害程度分级表

承灾体重要性	滑坡动能特征		
	大	中	小
重要	一级	一级	二级
较重要	一级	二级	三级
一般	二级	三级	三级

4.1.5 滑坡动能特征根据滑坡入江体积和速度分为3个等级(表2),滑坡速度基于三峡库区已发生的滑坡规律和前期已有大量的滑坡涌浪研究成果,分为一类速度(≥6 m/s)、二类速度(3 m/s～6 m/s)、三类速度(<3 m/s)3个等级范围。

表2 滑坡动能特征分级表

滑坡速度/(m·s^{-1})	滑坡入江体积/×10^4 m^3		
	≥100	10～100	<10
一类(≥6)	大	大	中
二类(3～6)	大	中	小
三类(<3)	中	小	小

4.1.6 滑坡涌浪影响范围内承灾体的重要性根据人口、经济、交通等主要承灾体的重要性,按照表3划分为3个等级。

表3 滑坡涌浪承灾体重要性分级表

承灾体重要性	主要承灾体类别
重要	城镇所在地、人口居住超过100人的居民点,高层建筑,大型码头,高速公路、一级公路、铁路,大坝,吊车吨位大于30 t或跨度大于24 m的单层工业厂房、跨度大于12 m的多层工业厂房,大型船舶
较重要	农村50~100人的集中居民点,多层建筑,中型码头,城市主干道、二级公路,吊车吨位15 t~30 t或跨度18 m~24 m的单层工业厂房、跨度小于或等于12 m或6层的多层工业厂房,中型船舶
一般	农村少于50人的分散居民点,普通民房,小型码头,三级或四级公路、乡道,吊车吨位小于15 t或跨度小于18 m的单层工业厂房,小型船舶

4.1.7 滑坡涌浪风险评估和调查范围应根据滑坡涌浪危害程度等级确定。应以滑坡为中心,沿河道上下游各选取相应距离作为评估和调查范围,该范围不应小于表4中的规定。区域性的滑坡涌浪风险评估范围宜按委托要求确定。

表4 滑坡涌浪风险评估和调查范围确定表

涌浪危害程度等级	一级	二级	三级
涌浪风险评估和调查范围/km	30	20	10

4.2 工作程序

4.2.1 三峡库区滑坡涌浪灾害评价与风险评估工作技术流程应符合本技术要求附录 A 的规定。

4.2.2 应结合滑坡地质环境条件、河道地质环境条件、承灾体特征等资料,对滑坡失稳后的动能特征、入江体积、运动速度、承灾体重要性做出初步估算,确定滑坡涌浪危害程度等级、滑坡涌浪风险评估和调查范围。

4.2.3 滑坡和河道地质环境条件调查与勘查需重点查清调查范围内的滑坡类型、数量、发育特征、潜在失稳模式、河道特征、水体特征、承灾体位置、数量、类型、经济价值等条件。

4.2.4 开展不同工况下滑坡稳定性和破坏概率计算。

4.2.5 进行危险工况下的滑坡运动速度、入江规模与入江体积等运动特征计算和分析。

4.2.6 开展滑坡首浪、传播浪和爬坡浪计算。

4.2.7 针对沿岸居民建筑、船只、码头等承灾体,开展滑坡涌浪风险评估。

4.2.8 编制涌浪风险图件,提交评价报告。

5 滑坡和河道地质环境条件调查

5.1 一般规定

5.1.1 调查方法:滑坡地质环境条件调查按照《三峡库区地质灾害防治工程勘查技术要求》(2012)进行。

5.1.2 调查范围与精度:滑坡区域及其运动潜在的影响范围,滑坡地质测绘平面图与剖面图的调查精度比例尺为 1∶2 000;滑坡入水处河道至对岸 200 m 高程内,河道测绘平面图比例尺宜采用 1∶10 000。

5.2 其他规定

5.2.1 对于正在变形的滑坡,应重点调查滑坡体自蓄水以来的变形特征、微地貌形态变化,分析滑坡演化过程,判断滑坡的稳定性现状,预测滑坡的发展趋势。

5.2.2 根据滑坡涌浪产生与传播的特点,应对涌浪风险可能涉及的范围进行调查,按照4.1.3要求开展相应范围内的补充调查。

5.2.3 河道地质环境条件调查主要包括滑坡涌浪风险评估和调查范围内的库岸地质环境、气象水文、历史洪水、流速、水下航道地形、库水位消落带地形、岸坡地形坡度、河流形态、植被、滑坡点处的河道断面测量。

6 承灾体调查

6.1 一般规定

6.1.1 三峡库区滑坡涌浪的承灾体一般包括4种基本类型:人口、大坝、航运以及沿岸建构筑物(码头、建筑物、交通道路等)。

6.1.2 应查明评价区滑坡涌浪灾害承灾体的位置、类型与经济价值。

6.1.3 应对评价区的承灾体进行拍照、录像与记录。

6.1.4 调查时应填写滑坡涌浪灾害承灾体调查表,表格形式参见附录B。

6.2 滑坡体上承灾体调查

6.2.1 建筑物与人口调查。

调查滑坡体上建筑物的平面分布、面积、所处的位置、结构类型、形态、材料、基础形式、建筑高度与层数、用途、维修状态、商用建筑的年均收益、使用时间、日均人口流量、室内设施价值、变形现状等。调查建筑物内人口数、年龄、性别、教育程度、健康状况和在建筑物内的停留时间、居民财产等。

6.2.2 交通网络调查。

调查各种交通线路类型(公路、铁路、航道、桥梁)、分布、等级、所处的位置和长度、交通工具流量密度、行人流量密度、变形情况、单位造价等。

6.2.3 生命线工程调查。

调查给水排水线路、输电线路、通信线路及输气线路等的网络分布、类型、所处的位置和长度、重要杆塔在地质灾害体的位置与埋深、供应对象、变形现状等。

6.2.4 土地资源调查。

调查土地类型、面积、作物类型、单位价值和变形情况等。

6.3 滑坡涌浪沿岸承灾体调查

6.3.1 沿岸建筑调查。

(1)沿岸建筑调查宜将滑坡涌浪影响范围内高程 250 m 以下的区域作为初步调查范围。涌浪计算工作完成后,根据实际结果进行相应的补充调查工作。

(2)沿岸建筑调查工作应包含以下内容:
  a) 建筑结构类型、用途、位置、数量、建筑时间。
  b) 建筑物有无变形情况,若有则应写明变形特征、变形部位与变形程度。
  c) 建筑物内常住人口数量和流动人口数量。
  d) 对建筑物的价值做出估算。

6.3.2 涌浪沿岸码头调查。

(1)收集评价区码头分布图。

(2)码头调查工作应包含以下内容:
  a) 码头的用途、级别、防波堤高度。
  b) 物流码头日平均停靠量、交通码头日平均人流量以及码头变形情况。
  c) 调查时应对码头的价值做出估算。

6.4 涌浪影响范围内航道区承灾体调查

6.4.1 航道区调查工作应包含以下内容：
(1)航道区的水深、水面宽度、级别等。
(2)航道区的船只类型、各类型船只的平均日流量。

6.4.2 航道区调查时应对各类型的船只价值做出估算。

7 滑坡稳定性与破坏概率计算

7.1 一般规定

7.1.1 滑坡稳定性计算选取的剖面和工况应与破坏概率计算选取的剖面和工况一致。

7.1.2 滑坡稳定性计算工况、荷载组合应符合表5中的要求。

表5 滑坡稳定性计算工况、荷载组合

(引自《三峡库区地质灾害防治工程设计技术要求》(2012))

涉水或不涉水滑坡	水库运行水位	工况组合编号	荷载组合内容	涉水滑坡点位处水位线
涉水滑坡	静止水位	1	自重＋地表荷载＋现状水位	
		2	自重＋地表荷载＋水库坝前175 m、162 m、145 m静水位＋非汛期N年一遇5日暴雨($q_{枯}$)	坝前水位接11月份20年一遇洪水水面线

表5 滑坡稳定性计算工况、荷载组合(续)

(引自《三峡库区地质灾害防治工程设计技术要求》(2012))

涉水或不涉水滑坡	水库运行水位	工况组合编号	荷载组合内容	涉水滑坡点位处水位线
涉水滑坡	静止水位	3	自重＋地表荷载＋水库坝前162 m、145 m静水位＋N年一遇5日暴雨($q_全$)	坝前162 m水位接汛期50年一遇洪水水面线,145 m接汛期20年一遇洪水水面线
涉水滑坡	水位降落	4	自重＋地表荷载＋坝前水位从175 m降至145 m	坝前水位接11月份20年一遇洪水水面线
涉水滑坡	水位降落	5	自重＋地表荷载＋坝前水位从175 m降至145 m＋非汛期N年一遇5日暴雨($q_枯$)	坝前水位接11月份20年一遇洪水水面线
涉水滑坡	水位降落	6	自重＋地表荷载＋坝前水位从162 m降至145 m＋N年一遇5日暴雨($q_全$)	坝前水位接汛期50年一遇洪水水面线
不涉水滑坡	—	7	自重＋地表荷载	
不涉水滑坡	—	8	自重＋地表荷载＋N年一遇5日暴雨($q_全$)	

注1:表中水位为坝前水位,坝区以上各灾害点水位应是坝前175 m、162 m、145 m水位相应回水水面线在该地的水位。

注2:表中$q_枯$指的是枯水期降雨量;$q_全$指的是全年降雨量。

注3:表中N见规范《三峡库区地质灾害防治工程设计技术要求》中表6。

7.2 滑坡稳定性计算

7.2.1 计算方法。

（1）滑坡的稳定性分析应采用刚体极限平衡法，对大型复杂的滑坡宜进行数值模拟专题评价。

（2）根据滑面（滑带）条件，按平面、圆弧或折线，选用正确的计算模型。

（3）圆弧滑动法、平面滑动法和折线滑动法的稳定性系数计算公式，宜分别采用《建筑边坡工程技术规范》(GB 50330)、《地质灾害防治工程勘查规范》(DB50/T 143)、《岩土工程勘察规范》(GB 50021)所规定的计算公式。

（4）有后缘裂缝的岩质滑坡稳定性计算应考虑后缘裂缝的静水压力。

（5）当存在库水位上升或下降工况时，浸润线计算可参照《地质灾害防治工程勘查规范》(DB50/T 143)。

（6）当有局部滑动可能性时，除验算整体稳定性外，尚应验算局部稳定性。

（7）选择平行于滑动（失稳）方向的几个具有代表性的断面进行稳定计算。计算断面一般不得少于3个，其中1个是滑动主轴断面。按规定的荷载组合，对各选定的计算断面计算稳定性系数。

（8）当存在有多级或多层滑动面时，应寻求各级各层之间的依存关系，通过计算分析，以稳定性系数最低的滑动面作为最危险滑面，并以最危险滑面的稳定性系数作为该级或该层的稳定性系数。

7.2.2 计算参数。

（1）计算所采用的岩土体抗剪强度应依据岩土试验、相似工程的经验类比、反分析三者结合的方法合理选取，计算中其他物理参数应依据试验值选取。

（2）与反分析工况相对应的稳定性系数的选取应充分考虑滑坡稳定性状态和变形特征。应准确考虑滑坡出现滑动或变形时所处的工况,根据室内与现场不扰动滑动面(带)土的抗剪强度试验结果及经验数据,给定黏聚力(c)和内摩擦角(φ)反求另一值。对已经滑动的滑坡,稳定性系数可取 0.95～1.00;对有明显变形但暂时稳定的滑坡,稳定性系数可取 1.00～1.05。

7.2.3 滑坡稳定性状态分级。

滑坡稳定性状态按稳定性系数分 4 级,如表 6 所示。

表 6 滑坡稳定性状态分级

滑坡稳定性系数	$F_s<1.00$	$1.00{\leqslant}F_s{\leqslant}1.05$	$1.05<F_s{\leqslant}{}^*F_{st}$	$F_s>{}^*F_{st}$
稳定性状态	不稳定	欠稳定	基本稳定	稳定

注:据《地质灾害防治工程勘查规范》(DB 50/T 143),$^*F_{st}$ 为滑坡安全系数。

7.3 滑坡破坏概率计算

7.3.1 计算方法。

(1)由于计算参数、外界因素和计算方法的不确定性,滑坡稳定性具有不确定性。

(2)滑坡破坏概率被假定为稳定性系数小于 1 的概率,可通过稳定性评价、数值模拟、可靠度分析等方法确定。

(3)滑坡可靠性分析常用方法有蒙特卡洛法、一次二阶矩法和点估计法,这些方法能够考虑滑坡稳定性计算中所需参数的不确定性。蒙特卡洛法和一次二阶矩法参见附录 C。

7.3.2 计算参数。

(1)滑坡破坏概率计算主要考虑滑动面黏聚力和内摩擦角的不确定性,具体为分布形式、均值和方差。

(2)其他参数与稳定性计算中的参数一致。

8 滑坡运动速度计算

8.1 计算方法

8.1.1 滑坡的运动速度计算应采用条分法,参见附录 D。

8.1.2 当滑坡存在局部滑动可能时,除计算滑坡整体失稳后的运动速度外,还应计算滑坡局部岩土体失稳后的运动速度。

8.1.3 滑坡岩土体在水中运动时应考虑水体对滑坡运动的阻力,阻力的计算可参考附录 D。

8.2 数据要求

8.2.1 滑坡运动速度计算所需数据应包括滑坡及河道工程地质剖面图、滑体物理力学指标、滑带抗剪强度参数和变形特征,精度要求见表 7。

表 7 滑坡运动速度计算所需参数

资料与数据	来源	格式	精度
滑坡及河道工程地质剖面图	勘察报告	Dwg	1∶2 000
条块几何参数	工程地质剖面图	Dwg	1∶2 000
条块宽度	工程地质平面图	Dwg	1∶2 000
滑面形状	工程地质剖面图	Dwg	1∶2 000
滑体重度	勘察报告	Doc	—
内摩擦角	勘察报告	Doc	—
黏聚力	勘察报告	Doc	—
变形特征	勘察报告、监测数据	Doc、Xls	—

8.2.2 工程地质剖面图应反映滑坡体特征和水体特征,剖面范围应为滑坡后缘—滑坡前缘—河道—滑坡对岸 250 m 高程。

8.2.3 在计算滑坡滑动速度时,滑动面处的摩擦力参数应采用滑坡运动状态下的内摩擦角与黏聚力,动摩擦参数通过对静摩擦参数进行折减确定,折减系数一般可采用统计分析法确定。即根据已有的勘察试验资料,分别统计分析天然和饱和工况下内摩擦角的峰值强度与残余强度,用残余强度与峰值强度的比值类比静摩擦参数与动摩擦参数之间的折减系数。

8.3 成果要求

8.3.1 滑坡运动速度成果数据应能反映滑坡启动—入水—停止过程中速度动态变化规律及任意时刻的速度值,宜采用图件和表格形式表示滑坡速度随时间的变化规律。

8.3.2 滑坡入江规模成果数据主要包括滑坡入江长度、平均宽度、平均厚度和入江体积。

9 滑坡涌浪计算

9.1 计算方法

9.1.1 滑坡涌浪计算内容应包括最大首浪高度、传播浪高度和爬坡浪高度。

9.1.2 滑坡涌浪计算应采用附录 E 中的计算方法。对于涌浪危害等级为一级的,还宜采用数值模拟方法进行分析。数值模拟方法可采用《武陵山区城镇地质灾害风险评估技术指南及案例分析(2019)》附录 J.2.3 中的 Tsunami Squares 方法。

9.2 数据要求

9.2.1 滑坡涌浪计算参数主要包括滑坡入水速度、滑坡入江长度、滑坡入江宽度、滑坡入江厚度、本岸水下岸坡坡角、对岸岸坡坡角、河道水深和河道水面宽度(表8)。

表 8 滑坡涌浪计算所需参数

数据	单位	数据	单位
滑坡入水速度	m/s	滑坡入江长度	m
滑坡入江宽度	m	滑坡入江厚度	m
本岸水下岸坡坡角	°	对岸岸坡坡角	°
河道水深	m	河道水面宽度	m

9.2.2 滑坡入江长度、宽度和厚度可按如下步骤确定。

(1)在进行滑坡速度计算之前,确定滑坡运动前水下条块数 n_1。

(2)依据运动方程计算出滑坡从失稳到停止运动后水下条块数 n_2。

(3)确定滑坡运动过程中入水条块数 $n_3 = n_2 - n_1$。

(4)依据入水条块的几何参数(坡面、滑动面顶点坐标)计算滑坡入江长度,入江厚度取这些条块厚度的平均值,滑坡入江宽度则取入江条块在平面图上对应的宽度平均值。

9.2.3 河道的水深可根据河道地形图并结合滑坡平面图、剖面图和地形图确定。

9.2.4 本岸水下岸坡坡角在计算中采用从河底到水面的平均岸坡坡角,可根据剖面图测量得到,水下岸坡坡角计算公式为:

$$\theta_s = \arctan \frac{y}{x} \quad \cdots\cdots\cdots\cdots\cdots\cdots \quad (1)$$

式中:

y——垂直高度(m);

x——水平距离(m)。

9.2.5 对岸岸坡坡角在计算中采用平均岸坡坡角。由于岸坡地势复杂,测量时应尽量切合实际,确保爬坡高度计算的准确性。岸坡坡角可在地形图上测量得到,计算岸坡坡角的公式为:

$$\alpha_0 = \arctan\frac{n\Delta l}{S_d} \quad \cdots\cdots\cdots\cdots\cdots\cdots\cdots\cdots \quad (2)$$

式中：

n——等高线的条数；

Δl——等高距(m)；

S_d——等高线间的水平距离(m)。

9.2.6 河道水面宽度确定的具体步骤：先在河道图上画出特征水位线,然后测出各个特征水位的水面宽度,根据剖面图的比例将参数转化为实际河道水面宽度。

9.3 成果要求

9.3.1 最大首浪高度为滑坡入水点处的最大首浪高度。

9.3.2 传播浪高度为滑坡涌浪在上下游河道中任意传播距离的高度值,宜采用图件和表格形式表示滑坡涌浪高度随传播距离的变化规律。

9.3.3 涌浪爬坡高度为滑坡涌浪在上下游河道岸坡上的爬坡高度值,宜采用图件和表格形式表示涌浪爬坡高度随传播距离的变化规律。

10 滑坡涌浪风险评估

10.1 一般规定

10.1.1 滑坡涌浪风险评估应包括涌浪对沿岸居民建筑风险评估、涌浪对船只的风险评估和涌浪对大坝及码头的风险评估。

10.1.2 滑坡涌浪风险评估宜采用定量与定性评估相结合的方法。

10.2 滑坡涌浪风险定量评估

10.2.1 滑坡涌浪危险性。

根据滑坡涌浪危险性的定义,灾害发生的概率为链式概率,由滑坡发生概率和涌浪发生概率联合构成,滑坡涌浪灾害危险性的计算公式为：

$$H_{Lw} = p(A_w) = p(A_w | A_L) \cdot p(A_L) \cdots\cdots\cdots (3)$$

式中：

H_{Lw}——滑坡涌浪灾害的危险性，以滑坡涌浪灾害的发生概率表示，当滑坡快速冲击入水引起涌浪灾害时，其在数值上与滑坡的破坏概率相等；

p——某事件发生的概率；

A_w——涌浪灾害事件；

A_L——滑坡灾害事件。

10.2.2 沿岸居民建筑的涌浪风险评估。

滑坡涌浪对沿岸居民建筑的风险评估采用公式（4）求解，可得到滑坡涌浪影响范围内每个居民建筑的风险值，将单个居民建筑的风险值累加可得到滑坡涌浪对居民建筑的风险值。

$$R_B = \begin{cases} \sum_{i=1}^{n} H_{Lw} \times E_{Bi} \times V_i & (h_R \geqslant h_B) \\ 0 & (h_R < h_B) \end{cases} \cdots\cdots (4)$$

式中：

R_B——滑坡涌浪对居民建筑的风险；

H_{Lw}——滑坡涌浪灾害的危险性；

n——居民建筑承灾体总数；

E_{Bi}——第 i 个居民建筑承灾体价值；

V_i——第 i 个居民建筑在爬坡浪作用下的易损性，根据表（9）求取；

h_R——涌浪沿程爬坡浪到达高程（m），若居民区位于滑坡正对岸，h_R 等于正对岸爬坡浪高度 H_{R1}＋计算时的库水位高程，反之 h_R 等于沿程涌浪爬坡高度 H_{R2}＋计算时的库水位高程；

h_B——居民建筑高程（m）。

表9 不同爬坡浪高度的居民建筑易损性

爬坡浪高度 h/m	易损性 V	爬坡浪高度 h/m	易损性 V
$h=0$	0	$0<h\leqslant 0.5$	0.3
$0.5<h\leqslant 1$	0.45	$1<h\leqslant 2$	0.75
$h>2$	0.8		

表中爬坡浪高度 h 为涌浪爬坡高程 h_R 和建筑物分布高程 h_B 的差值（公式5），其中，涌浪爬坡高程 h_R 可按附录E.3计算，h_B 为建筑物地面高程。

$$h = \begin{cases} h_R - h_B & (h_R > h_B) \\ 0 & (h_R \leqslant h_B) \end{cases} \quad\cdots\cdots\cdots\cdots (5)$$

10.2.3 船只的涌浪风险评估。

滑坡涌浪对船只的影响主要考虑淹没和掀翻作用，可采用航区最大波高与传播浪的高度计算滑坡涌浪对航行中船只的风险，计算步骤如下：

（1）根据附录E.2计算该位置的传播浪高 H_x。

（2）查询灾害点位置按照《内河船舶法定检验技术规则》（2019）规定的航区分级，根据最大波高 H_m，涪陵李渡长江大桥以上为 C 级航区，涪陵李渡长江大桥至江苏省江阴长江大桥为 B 级航区，一些支流的航区划分也有明确的说明，多数为 C 级航区，见表10。根据式(6)可求得涌浪灾害对船只的作用强度：

$$I_S = \begin{cases} 1 & H_x \geqslant H_m \\ \dfrac{H_x}{H_m} & H_x < H_m \end{cases} \quad\cdots\cdots\cdots\cdots (6)$$

表10 长江航道不同航区的波高范围

航区	传播浪高范围/m	最大波高/m
A	$1.5 < H_x \leqslant 2.5$	2.5
B	$0.5 < H_x \leqslant 1.5$	1.5
C	$H_x \leqslant 0.5$	0.5

(3)根据船只排水量吨位确定船只的抗灾能力 r_S,该值应位于 0~1之间,船只抗灾能力建议值见表11。

表11 船只抗灾能力建议值

船舶种类		抗灾能力
用途	吨位/t	
客船	500~1 000	0.20
	1 000~5 000	0.40
	5 000~10 000	0.60
	10 000~30 000	0.80
	30 000~50 000	1.00
货船	满载	0.40
	压载	0.25
拖船	—	0.20
超大型油船	满载	0.60
	空载	0.10

(4)式(7)为Li于2010年提出的基于事件分析的易损性评价模型,根据该式计算得出不同类型船只的易损性指标如下:

$$V = \begin{cases} 2\dfrac{I^2}{r^2} & \dfrac{I}{r} \leqslant 0.5 \\ 1.0 - \dfrac{2(r-I)^2}{r^2} & 0.5 < \dfrac{I}{r} \leqslant 1.0 \\ 1.0 & \dfrac{I}{r} > 1.0 \end{cases} \cdots\cdots\cdots (7)$$

(5)分别对每个类型的船只进行经济价值估算得到 E_{Si},根据式(8)可得到涌浪灾害对不同类型船只的风险值:

$$R_s = \sum_{i=1}^{n} H_{Lw} \times V_{Si} \times E_{Si} \cdots\cdots\cdots\cdots\cdots (8)$$

在采用该种方法计算涌浪风险时有几点需要注意:

a) 船只的抗灾能力可根据船只的类型和吨量对进行等级分类,按照等级赋予抗灾能力值。不同类型与吨量的船只抗灾能力取值参见表11。

b) 在进行单体滑坡涌浪风险计算时,可以统计研究区内不同类型船只的日平均交通流量。假定通过研究区的船只数量是稳定的,根据不同类型船只穿越涌浪影响区域的时间和平均流量计算涌浪影响范围内的船只类型与平均数量。针对每一种类型的船只分别按照上述步骤进行风险估算,然后求和可得到涌浪对航行中船只的风险值。

c) 在进行区域滑坡涌浪风险计算时,由于研究区范围更大,内部不同区域船只日流量差异可能会过大,因此建议对整个评价区域进行分段,各段内采用不同类型船只日流量的平均值,针对每一种类型的船只分别按照上述步骤进行风险估算,然后求和得到各段内涌浪对航行中船只的风险值,最后对各段内的总风险值求和从而得到整个评价区域的风险值。

10.2.4 大坝漫坝的涌浪风险评估。

通过涌浪传播至大坝位置时的爬坡浪高度与大坝的相对高度对大坝的风险进行定量估算,此处所指对大坝的风险为漫坝风险,不考虑溃

坝风险,承灾体主要考虑漫坝对大坝区影响范围内的附属建筑物,漫坝风险评估可用式(9)计算:

$$R_D = \begin{cases} \sum_{i=1}^{n} H_{Lw} \times E_{Di} & (H_R \geqslant H_D) \\ 0 & (H_R < H_D) \end{cases} \quad \cdots\cdots\cdots\cdots (9)$$

式中:

R_D——滑坡涌浪对大坝的漫坝风险;

H_{Lw}——滑坡涌浪灾害的危险性;

n——涌浪漫坝后影响范围内的承灾体总数;

E_{Di}——第 i 个大坝区内附属建筑承灾体的价值;

H_R——涌浪传播至大坝处的爬坡浪高度(m),若大坝位于滑坡正对岸,采用正对岸爬坡浪高度 H_{R1},反之则采用沿程爬坡浪高度 H_{R2};

H_D——大坝相对高度(m),等于大坝坝顶高程减去计算时坝前水位高程。

此处对易损性做简化考虑,认为处于涌浪影响范围内为 1,处于涌浪影响范围外为 0。

10.2.5 码头的涌浪风险评估。

(1)滑坡涌浪对码头的风险主要有两个方面:

a) 淹没码头风险:当浪高过大超过码头高程会导致淹没码头。

b) 船只撞击风险:停泊船只在涌浪作用下对码头的撞击破坏作用。

(2)码头淹没风险可采用式(10)进行评价:

$$R_{W1} = \begin{cases} \sum_{i=1}^{n} H_{Lw} \times E_{Wi} & (h_R \geqslant h_W) \\ 0 & (h_R < h_W) \end{cases} \quad \cdots\cdots (10)$$

式中:

R_{W1}——滑坡涌浪对码头的淹没风险;

H_{Lw}——滑坡涌浪灾害的危险性;

n——涌浪影响范围内的码头数量；

E_{Wi}——第 i 个码头承灾体的价值；

h_R——涌浪传播至码头处的爬坡浪到达高程（m），若码头位于滑坡正对岸，h_R 等于正对岸爬坡浪高度 H_{R1}＋计算时的库水位高程，反之 h_R 等于沿程涌浪爬坡高度 H_{R2}＋计算时的库水位高程。

h_W——码头高程（m）。

（3）对于码头的撞击破坏风险，宜选择船只撞击力为评价指标进行半定量的风险评估。该种方法需要码头承灾体的更多信息（如类型、规模、成新度等），具体评价步骤如下。

a) 计算涌浪传播至码头处的传播浪高 H_x，代入式（11）中计算得到船舶撞击力 F，该式由王平义物理模型试验得到的数据点拟合而成：

$$F = 0.362\ 3H_x + 0.443\ 8 \quad\cdots\cdots\cdots\cdots\cdots\cdots (11)$$

式中：

F——船只对码头的撞击力（MN）；

H_x——涌浪传播至码头处的传播浪高（m）。

b) 将撞击力 F 代入式（12）中得到滑坡涌浪对码头的致灾强度 I_W，其中最大撞击力 3.4 MN 是基于国内外学者的研究选取的综合值，也可根据研究对象的实际情况进行调整：

$$I_W = \begin{cases} 1 & F \geqslant 3.4 \\ \dfrac{F}{3.4} & F < 3.4 \end{cases} \quad\cdots\cdots\cdots\cdots\cdots\cdots (12)$$

式中：

F——船只对码头的撞击力（MN）；

I_W——滑坡涌浪对码头的致灾强度。

c) 根据码头的类型、规模、成新度确定其抗灾能力 r_W，取值应在 0～1 之间，建议根据涌浪影响范围内码头的实际情况对码头进行等级划分，按照等级赋予抗灾能力值 r_W，码头抗灾能力取值参见表 12。

表 12 码头抗灾能力建议值

码头类型	规模	成新度	抗灾能力
货运	特大	新、很好、中等、可用、差	0.5～1.0
	大		0.4～0.8
	中		0.2～0.5
	小		0.1～0.3
客运	特大	新、很好、中等、可用、差	0.5～1.0
	大		0.4～0.7
	中		0.2～0.4
	小		0.1～0.2

d) 将码头的抗灾能力 r_W 与滑坡涌浪对码头的致灾强度 I_W 依次代入式(7)计算得出每个码头的易损性指标。

e) 分别对每个码头进行经济价值估算，根据式(13)可得到滑坡涌浪对码头承灾体的破坏撞击风险值：

$$R_{W2} = \begin{cases} \sum_{i=1}^{n} H_{Lw} \times V_{Wi} \times E_{Wi} & (h_x \geqslant h_W) \\ 0 & (h_x < h_W) \end{cases} \quad (13)$$

式中：

R_{W2}——滑坡涌浪对码头的撞击破坏风险；

H_{Lw}——滑坡涌浪灾害的危险性；

V_{Wi}——第 i 个码头的易损性，可根据式(7)计算；

n ——涌浪影响范围内的码头数量；

E_{Wi}——第 i 个码头承灾体的价值；

h_x——涌浪传播浪到达高程(m)，若码头位于滑坡正对岸则 h_x 等于正对岸传播浪高度 H_P + 计算时的库水位高程,反之则 h_x 等于沿程涌浪传播浪高度 H_x + 计算时的库水位高程。

h_W——码头高程(m)。

10.3 航道的涌浪风险定性评估

航道的涌浪风险等级应根据传播浪高进行划分。参考《风暴潮、海浪、海啸和海冰灾害应急预案》(2012)中的航道预警等级划分标准对风险等级进行划分(表13)。

表 13 航道风险等级划分标准

航道内传播浪高度/m	预警等级	风险等级
$H_x \geqslant 3$	红色预警	高风险
$2 \leqslant H_x < 3$	橙色预警	
$1 \leqslant H_x < 2$	黄色预警	中等风险
$0.3 \leqslant H_x < 1$	蓝色预警	低风险

10.4 滑坡涌浪风险防控措施建议

10.4.1 滑坡涌浪常用风险防控措施主要包括联动防控措施、滑坡体防控措施、河道防控措施和人员防控措施。

10.4.2 联动防控措施主要包括健全机构、明确责任。针对滑坡规模、危害程度及预警级别的具体情况,成立滑坡预警抢险救灾指挥部,全面负责滑坡的预警抢险救灾组织指挥、综合协调、监测预警等多部门联动防控工作,同时应明确指挥机构及成员的主要职责。

10.4.3 滑坡体防控措施主要包括监测预警和工程治理。针对涌浪危险性大和承灾体风险高的水库滑坡灾害,开展专业监测及群防群测工作,研究制定滑坡专业监测方案,明确监测方法、监测周期、监测责任人、监测信息的报告程序和方法等,及时进行滑坡变形发展动态分析,开展动态预警或采用工程防治措施,降低滑坡涌浪危险性。

10.4.4 河道防控措施应加强滑坡涌浪影响区内航行、停泊、作业船舶及码头设施的警示宣传,发布地质灾害预警及滑坡险情航行通告。应对警戒区范围内停泊的船只、水上设施进行清查,并将险情宣传单落实到每艘船只、码头,要求做好应急撤离的准备,接到转移指令后立即撤离;过往船只在不妨碍其他船只正常航行及会让的情况下,尽量远离滑坡体航行,并建议客船、滚装船、危险品船在夜间及雨天不要通过该水域;航行船只应及时收听航行通(警)告,相互宣传,密切关注滑坡体状况。

10.4.5 人员防控措施依据滑坡预警级别制定滑坡防灾预案,对滑坡涌浪影响区内人员逐一告知,发放防灾明白卡和避险明白卡,制定应急预案,明确预警信号、避让措施、撤离路线等,按预警及时避让险情。

11 成果提交

11.1 一般规定

11.1.1 滑坡涌浪灾害评价与风险评估分为区域滑坡涌浪灾害评价与风险评估和单体涌浪灾害评价与风险评估。

11.1.2 区域滑坡涌浪灾害评价与风险评估成果包括研究区滑坡涌浪灾害评价与风险评估报告,并附研究区工程地质平面图、研究区滑坡灾害分布图、研究区典型滑坡工程地质剖面图、研究区河道内涌浪传播浪高度分布图、研究区河道内涌浪爬坡高度分布图、研究区滑坡涌浪灾害承灾体分布图、研究区滑坡涌浪灾害风险评估图。

11.1.3 单体滑坡涌浪灾害评价与风险评估成果包括单体滑坡涌浪灾害评价与风险评估报告,并附滑坡工程地质平面图、滑坡工程地质剖面图、滑坡涌浪传播浪高度分布图、滑坡涌浪爬坡高度分布图、滑坡涌浪灾害承灾体分布图、滑坡涌浪灾害风险评估图。

11.1.4 成果报告应力求简明扼要、重点突出、依据充分、评估合理、结论明确、附图规范、附件齐全、实用易懂、美观清晰,便于使用单位阅读。

11.1.5 报告和图件宜数字化并使用计算机制图。

11.2 评估报告

11.2.1 滑坡涌浪灾害评价与风险评估报告应在充分调查、计算模拟和综合分析全部资料的基础上编写。

11.2.2 滑坡涌浪灾害评价与风险评估报告成果应按附录 F.1 和 F.2 要求提交。

11.3 区域滑坡涌浪灾害风险图编制

11.3.1 区域滑坡涌浪灾害风险图应综合反映研究区所有滑坡涌浪灾害的风险评估结果。

11.3.2 区域滑坡涌浪灾害风险图中应按规定的色谱简化表示基本的地理、地质要素。

11.3.3 区域滑坡涌浪灾害风险图中应以不同颜色的点、线或者面状符号表示水库沿岸居民建筑、公路、码头等承灾体位置。

11.3.4 区域滑坡涌浪灾害风险图中应采用面状普染颜色表示滑坡涌浪对承灾体的风险等级,可用红色、黄色、蓝色系分别表示滑坡涌浪的高级、中级、低级风险。若有定量结果,应将数字标注在图中相应位置。

11.3.5 区域滑坡涌浪灾害风险图应采用面状要素表示滑坡范围,根据最危险工况下的首浪高度对滑坡危险性进行分级,采用不同的普染颜色填充,以表示不同等级。

11.3.6 建议以 1km 为间距划分研究区航段,统计各航段内形成高级、中级、低级涌浪风险对应的滑坡编号,并标注在对应的航道区段内。

11.3.7 综合研究区各滑坡涌浪灾害形成的最大沿程爬坡浪,统计航道沿岸爬坡浪的最大影响范围,采用面状普染颜色在图中表示。

11.3.8 应采用镶表的形式辅助说明区域滑坡涌浪灾害风险的相关内容。镶表应包括各滑坡点在各计算工况下的危险性和涌浪的计算结果、各滑坡在最危险工况下传播到码头位置的传播浪高度与爬坡浪高度以及区域滑坡涌浪风险评估结论与风险处置建议等。

11.4 单体滑坡涌浪灾害风险图编制

11.4.1 单体滑坡涌浪灾害风险图应反映滑坡涌浪灾害对各类承灾体的风险评估结果。

11.4.2 单体滑坡涌浪灾害风险图中应按规定的色谱简化表示基本的地理、地质要素。

11.4.3 单体滑坡涌浪灾害风险图应采用点状或面状要素表示沿岸居民建筑的位置。

11.4.4 单体滑坡涌浪灾害风险图应采用点状要素表示码头位置,并在码头位置处采用面状要素标注不同类型船只的涌浪灾害风险,形状表示船只类型,颜色表示风险等级。若有定量结果,应将数值标注在相应位置。

11.4.5 单体滑坡涌浪灾害风险图应在航道内采用面状要素标注涌浪灾害对航行中船只的风险等级,采用形状表示船只类型,颜色表示风险等级。

11.4.6 应根据滑坡形成的最大爬坡浪计算结果勾绘出沿岸爬坡浪的影响范围,采用面状普染颜色表示。

11.4.7 应采用镶表的形式辅助说明单体滑坡涌浪灾害风险图的相关内容。镶表主要包括滑坡点各工况条件下危险性和涌浪的计算结果、各码头位置的传播浪高度与爬坡浪高度以及滑坡涌浪风险评估结论与风险处置建议等。

附录 A
（规范性附录）
三峡库区滑坡涌浪灾害评价与风险评估工作技术流程

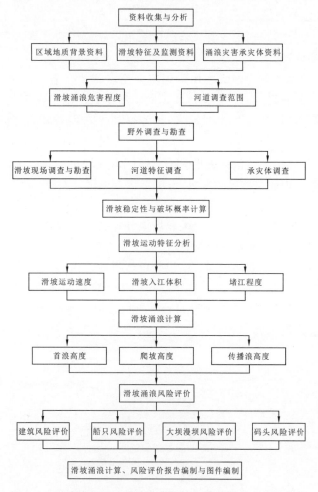

图 A.1 三峡库区滑坡涌浪灾害评价与风险评估工作流程图

附 录 B
（资料性附录）
滑坡涌浪灾害承灾体调查表

区县名称			崩滑体名称					
地理位置				坐标/m	X：		经度	
					Y：		纬度	
类型			□滑坡　□崩塌堆积体　□不稳定斜坡					
历史灾情	□无（后续内容为空）		死亡人数/人		直接损失/万元		灾情等级	
	□有						□特大型　□大型　□中型　□小型	
受威胁对象	□县城　□村镇　□居民点　□学校　□矿山　□工厂　□水库　□电站　□农田　□饮灌渠道　□森林　□公路　□大江大河　□铁路　□码头　□输电线路　□通信设施　□国防设施　□其他							
	建筑物与人口							
		结构类型 ①钢结构 ②钢混 ③砖混 ④砖木 ⑤土木 ⑥其他	用途	数量/栋	建筑时间/a	建筑物变形情况	居住/人	办公/人
						□有　□无	变形程度（见说明）		
	高层建筑							
	多层建筑							

续表

受威胁对象	普通民房								
	工厂厂房								
	生命线								
	道桥								
	高速公路/m	公路					铁路/m	桥梁/m	
		等级	长度/m	行人流量/(人·min⁻¹)	行车流量/(人·min⁻¹)				
		□一级							
		□二级							
		□三级							
		□四级							
		□乡道							

行人流量/(人·min^{-1})　行车流量/(人·min^{-1})

码头								船舶	
码头编号	码头类型	码头位置		经济价值/万元	日停靠船只数/艘			交通流量/(艘·d⁻¹)		
		X/m	Y/m		一等	二等	三等	一等	二等	三等

交通流量/(艘·d^{-1})

生命线				其他	
管线/m	输电设施			农田/m²	自行补充
	变电站/座	电线杆/根	输电线/m		

承灾体平面分布图	绘制坡体及其影响范围内承灾体空间分布（DXF格式，图例标示承灾体类型、对应建筑物内人口数量、建立对应数据表）
航片	注明航片来源、采集时间、勾绘滑坡边界
照片	特征照片（受威胁对象破坏、变形等照片；照片编号）

填表说明如下。

码头等级划分表

码头类型	单位	大型	中型	小型
集装箱	t	≥1 000	500～1 000	
散货	t	≥1 000	500～1 000	＜500
件杂货、滚装、客运等多用途	t	≥1 000	500～1 000	＜500
原油	t	≥1 000	＜1 000	
注：码头等级划分参考《工程设计资质标准》(附件3-15)各行业建设项目设计规模划分表。					

船舶等级划分表

船舶等级	单位	大型	中型	小型
载重	t	≥1 000	300～1 000	＜300
注：船舶等级划分参考《工程设计资质标准》(附件3-15)水运行业建设项目设计规模划分表。				

附 录 C
（资料性附录）
可靠度计算方法

C.1 蒙特卡洛法

蒙特卡洛法又称随机模拟法或统计试验法，是一种依据统计抽样理论，利用电子计算机研究随机变量的数值计算方法，基本思想如下。

若已知状态变量的概率分布，根据滑坡的极限状态条件 $F_s=f(c,\varphi,\rho,h,u,\cdots)=1$，利用蒙特卡洛法产生符合状态变量概率分布的一组随机数 $c_1,\varphi_1,\rho_1,h_1,u_1,\cdots$，代入状态函数 $F_s=f(c,\varphi,\rho,h,u,\cdots)$，计算得到状态函数的一个随机数。如此用同样的方法产生 N 个状态函数的随机数。如果在 N 个状态函数的随机数中有 M 个小于或等于 1，当 N 足够大时，根据大数定律，此时的频率已近似于概率，从而可得滑坡的破坏概率为：

$$p_f=p(F_s\leqslant 1)=(\frac{M}{N}) \quad\cdots\cdots\cdots\cdots\cdots\cdots (C.1)$$

当 N 足够大时，由稳定性系数的统计样本 $F_{s(1)},F_{s(2)},\cdots,F_{s(N)}$ 可以比较精确地得到稳定性系数的分布函数 $G(F_s)$，并估计其分布参数。均值 μ_{F_s} 和标准差 σ_{F_s} 分别为：

$$\mu_{F_s}=\frac{1}{N}\sum_{i=1}^{N}F_{s(i)} \quad\cdots\cdots\cdots\cdots\cdots\cdots (C.2)$$

$$\sigma_{F_s}=\left[\frac{1}{N-1}\sum_{i=1}^{N}(F_{s(i)}-\mu_{F_s})^2\right]^{1/2} \quad\cdots\cdots\cdots\cdots (C.3)$$

进而可根据 $G(F_s)$ 拟合的理论分布，通过积分法求得破坏概率。在标准正态空间，也可根据其均值和标准差得到可靠指标 β 为：

$$\beta=\frac{\mu_{F_s}}{\sigma_{F_s}} \quad\cdots\cdots\cdots\cdots\cdots\cdots (C.4)$$

破坏概率则为：

$$p_f = 1 - \Phi(\beta) \quad \cdots\cdots\cdots\cdots\cdots\cdots (C.5)$$

在用该方法建立的概率模型中，可能遇到各种不同分布的随机变量，则要求产生对应于该随机变量（或分布）的随机数，称作对该随机变量进行模拟或抽样。通常，抽样方法有很多，包括反变换法、舍选法、复合法、变换法、查表法等。以下针对滑坡稳定性计算中常遇到的两种分布类型（正态分布、对数正态分布）进行介绍。

C.1.1 正态分布的随机变量

正态分布 $N(\mu, \sigma^2)$ 的密度函数为：

$$f(x) = \frac{1}{\sqrt{2\pi}\sigma} \exp\left[-\frac{(x-\mu)^2}{2\sigma^2}\right] \quad \cdots\cdots\cdots\cdots (C.6)$$

对于这种非标准的正态分布，可用标准正态分布 $N(0,1)$ 的随机变量 x' 经下列线性变换得到：

$$x = \mu + \sigma x' \quad \cdots\cdots\cdots\cdots\cdots\cdots (C.7)$$

式中：

x'——标准正态分布的随机变量；

μ、σ——所求非标准正态分布随机变量 x 的均值和标准差。

其中，x' 的获得有变换法、极法、近似法和舍选法 4 种方法。使用最多的是变换法，取两个独立的 $[0,1]$ 区间均匀随机数 u_1 和 u_2，利用二元函数变换得到：

$$\begin{aligned} x_1' &= (-2\ln u_1)^{1/2} \cos(2\pi u_2) \\ x_2' &= (-2\ln u_1)^{1/2} \sin(2\pi u_2) \end{aligned} \quad \cdots\cdots (C.8)$$

则 x_1' 和 x_2' 是两个相互独立的标准正态分布的随机变量，代入式(C.8)即可同时产生一对互为正交的独立正态随机数：

$$\begin{aligned} x_1 &= \mu + \sigma(-2\ln u_1)^{1/2} \cos(2\pi u_2) \\ x_2 &= \mu + \sigma(-2\ln u_1)^{1/2} \sin(2\pi u_2) \end{aligned} \quad \cdots\cdots (C.9)$$

C.1.2 对数正态分布的随机变量

对数正态分布 $\ln(\mu, \sigma^2)$ 的密度函数为：

$$f(x)=\frac{1}{\sqrt{2\pi}x\sigma}\exp\left[-\frac{(\ln x-\mu)^2}{2\sigma^2}\right], x>0 \quad\cdots\cdots \text{(C.10)}$$

对数正态分布与正态分布之间有确定的变换关系。若随机变量 Y 服从均值 μ 和方差 σ^2 的正态分布，则：

$$X=e^Y \quad\cdots\cdots\cdots\cdots\cdots\cdots\cdots \text{(C.11)}$$

为具有对数正态分布的随机变量，且其均值和方差为：

$$\mu_x=\exp(\mu+\frac{\sigma^2}{2}) \quad\cdots\cdots\cdots\cdots \text{(C.12)}$$

$$\sigma_x^2=(\exp\sigma^2-1)\exp(2\mu+\sigma^2) \quad\cdots\cdots\cdots\cdots \text{(C.13)}$$

在计算机上产生两个 $(0,1)$ 均匀分布随机数 u_1 和 u_2，用二元函数变换求得两个独立的标准正态分布随机变量 y_1' 和 y_2'，且根据 $y=\mu+\sigma y'$，可得：

$$\begin{aligned}y_1&=\mu+(-2\sigma^2\ln u_1)^{1/2}\cos(2\pi u_2)\\ y_2&=\mu+(-2\sigma^2\ln u_1)^{1/2}\sin(2\pi u_2)\end{aligned} \quad\cdots\cdots \text{(C.14)}$$

因此，相应可得到两个对数正态分布随机函数 x_1 和 x_2 为：

$$\begin{aligned}x_1&=\exp[\mu+(-2\sigma^2\ln u_1)^{1/2}\cos(2\pi u_2)]\\ x_2&=\exp[\mu+(-2\sigma^2\ln u_1)^{1/2}\sin(2\pi u_2)]\end{aligned} \quad\cdots\cdots \text{(C.15)}$$

应当指出，对数正态分布 $\ln(\mu,\sigma^2)$ 中的 μ 和 σ^2 是对应的正态分布的均值和方差，而不是对数正态分布的均值和方差。如果要求产生给定对数正态分布均值 μ_x 和方差 σ_x^2 的随机数，则可由式（C.16）和（C.17）求解得：

$$\mu=\ln\frac{\mu_x}{\sqrt{1+\delta_x^2}} \quad\cdots\cdots\cdots\cdots \text{(C.16)}$$

$$\sigma^2=\ln(1+\delta_x^2) \quad\cdots\cdots\cdots\cdots \text{(C.17)}$$

式中：

δ_x——变异系数。

为了进行边坡系统状态模拟，必须进行随机抽样，或者说产生服从一定分布的随机数。当已知随机变量的分布函数 $F(x)$ 后，就可以用各种方法产生服从该分布的随机数。以蒙特卡洛法模拟边坡问题，将用到数以万计甚至数十万计的均匀分布的随机数。因此,能否简便、经济、可靠地产生均匀随机数,是蒙特卡洛法应用的关键问题之一。目前主要应用计算机程序产生随机数,即运用一定的算法求得随机数列。若这种随机数列具有均匀性和独立性,就可以认为是随机的。为了与真正的随机数相区别,常将这种用计算机程序产生的随机数称为伪随机数,简称为随机数。目前,广泛采用的方法是线性同余法。如Lehmer(1949)提出的乘法线性同余法,递推公式为:

$$x_i = \alpha x_{i-1} \quad (\mathrm{mod} M) \quad \cdots\cdots\cdots\cdots\cdots \quad (C.18)$$
$$u_i = x_i / M \quad (i = 0, 1, 2, \cdots) \quad \cdots\cdots\cdots\cdots \quad (C.19)$$

式中:

α——乘子;

x_0——种子(初值);

M——模数;

mod——取模运算。

当给定一个初值以后,就可以利用式(C.18)算出序列 $x_1, x_2, \cdots, x_n$,由此可求得伪随机数列 $u_1, u_2, \cdots, u_n$。

C.2 一次二阶矩法(FOSM)——可靠指标法

一次二阶矩法(First-Order Second-Moment,FOSM)不同于蒙特卡洛法,它不需要知道随机变量的实际分布情况,而是将极限状态方程的非线性形式利用泰勒级数展开后简化为线性式,只考虑随机变量的一阶原点矩(即均值)和二阶中心距(即方差),近似估算极限状态函数的均值和方差,求得可靠指标和破坏概率。

对于非线性的极限状态方程,涉及到偏导数的赋值问题。如果对状态函数在泰勒级数展开后,用随机变量的均值求状态函数的平均值,称为中心点法。由于随机变量平均值所确定的点位于稳定区域内,而不是在极限状态面上,因此,该方法会产生较大误差。如果将泰勒展开式的点选在极限状态面上,并且只在破坏概率最大的点上,这个赋值点称为验算点,经过这样改进后的方法称为验算点法,这也是国际结构安全度委员会所推荐的 JC 法,是下文讨论的重点。

在滑坡稳定性的可靠性分析中,一般来讲,抗滑力 R 和下滑力 S 都是若干基本随机变量的函数,因此,极限状态方程一般由两个以上的随机变量组成。对于包含有多个相互独立的正态基本变量 $X_1, X_2, \cdots, X_n$ 时,极限状态方程为:

$$Z = g(X_1, X_2, \cdots, X_n) = 0 \quad \cdots\cdots\cdots (C.20)$$

引入标准化变量:

$$x_i = \frac{X_i - \mu_{X_i}}{\sigma_{X_i}}, \quad i = 1, 2, \cdots, n \quad \cdots\cdots (C.21)$$

在标准正态空间,极限状态方程变成:

$$Z = g(x_1\sigma_{X_1} + \mu_{X_1}, x_2\sigma_{X_2} + \mu_{X_2}, \cdots, x_n\sigma_{X_n} + \mu_{X_n}) = 0$$
$$\cdots\cdots\cdots\cdots\cdots\cdots\cdots\cdots\cdots\cdots\cdots (C.22)$$

式(C.20)表示一个非线性极限状态面,将其变换到标准化正态分布空间(C.22)后,在此空间内将距离坐标原点最近点的切平面近似为一个超平面,原点到该切平面的距离 $\overline{OP^*}$ 即为可靠指标 β。将式(C.22)在 P^* 点展开为线性泰勒级数:

$$g(X_1, X_2, \cdots, X_n) \approx g(X_1^*, X_2^*, \cdots, X_n^*) + \sum_{i=1}^{n} \left(\frac{\partial g}{\partial X_i}\right)_* \times$$
$$(X_i - X_i^*) = 0 \quad \cdots\cdots\cdots\cdots (C.23)$$

但是 $X_i - X_i^* = x_i\sigma_{X_i} + \mu_{X_i} - (x_i^*\sigma_{X_i} + \mu_{X_i}) = \sigma_{X_i}(x_i - x_i^*)$,且 $\frac{\partial g}{\partial X_i} = \frac{\partial g}{\partial x_i} \cdot \left(\frac{\mathrm{d}x_i}{\mathrm{d}X_i}\right) = \frac{1}{\sigma_{X_i}}\left(\frac{\partial g}{\partial x_i}\right)$,所以:

$$g(X_1, X_2, \cdots, X_n) \approx g(X_1^*, X_2^*, \cdots, X_n^*) + \sum_{i=1}^{n} \left(\frac{\partial g}{\partial x_i}\right)_* \times$$
$$(x_i - x_i^*) = 0 \quad \cdots\cdots\cdots\cdots (C.24)$$

此即为切于 P^* 点的切平面方程,并以此切平面近似代替非线性极限状态面。这样,极限状态面上到原点最小距离的点是最可能的破坏点。因而,在一定的近似意义上,可用这最短距离来度量可靠度。将式(C.23)写成:

$$g(X_1^*, X_2^*, \cdots, X_n^*) + \sum_{i=1}^{n} \left(\frac{\partial g}{\partial x_i}\right)_* x_i - \sum_{i=1}^{n} \left(\frac{\partial g}{\partial x_i}\right)_* x_i^* = 0$$

$$\cdots\cdots\cdots\cdots\cdots\cdots\cdots\cdots\cdots\cdots\cdots\cdots\cdots\cdots\cdots\cdots \quad (C.25)$$

将式(C.25)除以法线化因子 $\left[\sum_{i=1}^{n}\left(\frac{\partial g}{\partial x_i}\right)_*^2\right]^{1/2}$,得：

$$\frac{\sum_{i=1}^{n}\left(\frac{\partial g}{\partial x_i}\right)_* x_i}{\left[\sum_{i=1}^{n}\left(\frac{\partial g}{\partial x_i}\right)_*^2\right]^{1/2}} + \frac{\sum_{i=1}^{n}-\left(\frac{\partial g}{\partial x_i}\right)_* x_i^* + g(X_1^*, X_2^*, \cdots, X_n^*)}{\left[\sum_{i=1}^{n}\left(\frac{\partial g}{\partial x_i}\right)_*^2\right]^{1/2}} = 0$$

$$\cdots\cdots\cdots\cdots\cdots\cdots\cdots\cdots\cdots\cdots\cdots\cdots\cdots\cdots\cdots \quad (C.26)$$

式(C.26)常数项的绝对值为法线长,即原点至切平面的最短距离 β 值为：

$$\beta = \frac{\sum_{i=1}^{n} -\left(\frac{\partial g}{\partial x_i}\right)_* x_i^* + g(X_1^*, X_2^*, \cdots, X_n^*)}{\left[\sum_{i=1}^{n}\left(\frac{\partial g}{\partial x_i}\right)_*^2\right]^{1/2}}$$

$$\cdots\cdots\cdots\cdots\cdots\cdots\cdots\cdots\cdots\cdots \quad (C.27)$$

又因 $\frac{\partial g}{\partial x_i} = \frac{\partial g}{\partial X_i}\left(\frac{\mathrm{d}X_i}{\mathrm{d}x_i}\right) = \frac{\partial g}{\partial X_i} \cdot \sigma_{X_i}$,且

$$g(X_1^*, X_2^*, \cdots, X_n^*) = 0 \quad \cdots\cdots\cdots\cdots\cdots (C.28)$$

故：

$$\beta = \frac{-\sum_{i=1}^{n}\left(\frac{\partial g}{\partial x_i}\right)_* x_i^*}{\left[\sum_{i=1}^{n}\left(\frac{\partial g}{\partial x_i}\right)_*^2\right]^{1/2}} \cdots\cdots\cdots\cdots\cdots (C.29)$$

或

$$\beta = \frac{-\sum_{i=1}^{n}\left(\frac{\partial g}{\partial X_i}\right)_* \cdot (X_i^* - \mu_{X_i})}{\left\{\sum_{i=1}^{n}\left[\left(\frac{\partial g}{\partial X_i}\right)_* \sigma_{X_i}\right]^2\right\}^{1/2}} \cdots\cdots\cdots\cdots (C.30)$$

式(C.26)中 x_i 的系数为方向余弦,即:

$$\frac{-\sum_{i=1}^{n}\left(\frac{\partial g}{\partial x_i}\right)_*}{\left[\sum_{i=1}^{n}\left(\frac{\partial g}{\partial x_i}\right)_*^2\right]^{1/2}} = \frac{-\sum_{i=1}^{n}\left(\frac{\partial g}{\partial X_i}\right)_*\sigma X_i}{\left[\sum_{i=1}^{n}\left(\frac{\partial g}{\partial X_i}\right)_*^2\right]^{1/2}} = -\alpha_i \quad \cdots \text{(C.31)}$$

法线端点(验算点)坐标为:

$$x_i^* = -\alpha_i\beta \cdots\cdots\cdots\cdots\cdots\cdots\text{(C.32)}$$

回到原点坐标:

$$X_i^* = \mu_{X_i} - \alpha_i\beta\sigma_{X_i} \cdots\cdots\cdots\cdots\cdots\text{(C.33)}$$

由于验算点和 β 皆为未知,须用迭代法计算。计算步骤如下:

(1) 假设 $X_i^*(i=1,2,\cdots,n)$ 的初值,一般取 $X_i^* = \mu_{X_i}$;

(2) 由式(C.31)计算 α_i 值;

(3) 由式(C.33)得到 X_i^* 与 β 的关系式;

(4) 由式(C.28)迭代求取 β 值;

(5) 用第(4)步求得的 β 代入第(3)步所得的式内,求出 X_i^* 的新值;

(6) 以新的 X_i^* 值重新进行第(2)~第(4)步的计算,如果所得的 β 值与上一次的 β 值之差等于或小于允许的误差,则计算结束,本次所求得的 β 值即为所求的可靠指标。

在极限状态方程中,常包含非正态分布的基本变量。对于这种极限状态方程的可靠度分析,可用 Rackwitz‐Fiessler(简称 RF)建议改进的一次二阶矩法,简称 R‐F 法。它的基本概念是在引用两个或多个正态分布变量分析时,将非正态的随机变量先进行"当量正态化"。条件是:① 在设计验算点 x_i^* 处,当量正态变量 X_i'(其均值为 $\mu_{X_i'}$,标准差为 $\sigma_{X_i'}$)的分布函数 $F_{X_i'}(x_i^*)$ 相等;② 在设计验算点 x_i^* 处,当量正态变量概率密度函数值 $f_{X_i'}(x_i^*)$ 与原变量概率密度函数值 $f_{X_i}(x_i^*)$ 相等。在非正态变量等量正态化以后,可用所求得的当量正态的均值 $\mu_{X_i'}$ 和标准差 $\sigma_{X_i'}$ 替代原变量的均值 μ_{X_i} 和标准差 σ_{X_i},按正态分布变量情况进行计算。由条件 ① 得:

$$F_{X_i'}(x_i^*) = F_{X_i}(x_i^*) \text{ 或 } \varphi\left(\frac{x_i^* - \mu_{X_i'}}{\sigma_{X_i'}}\right) = F_{X_i}(X_i^*)$$
$$\cdots\cdots\cdots\cdots\cdots\cdots\cdots\cdots\cdots\cdots\cdots\cdots\cdots\cdots\cdots \quad (C.34)$$

由此可得当量正态分布的均值：
$$\mu_{X_i'} = x_i^* - \varphi^{-1}[F_{X_i}(x_i^*)]\sigma_{X_i'} \cdots\cdots\cdots\cdots (C.35)$$

由条件②得：
$$f_{X_i'}(x_i^*) = f_{X_i}(x_i^*) \text{ 或 } \frac{\varphi\left(\dfrac{x_i^* - \mu_{X_i'}}{\sigma_{X_i'}}\right)}{\sigma_{X_i'}} = f_{X_i}(x_i^*)$$
$$\cdots\cdots\cdots\cdots\cdots\cdots\cdots\cdots\cdots\cdots\cdots\cdots\cdots\cdots\cdots \quad (C.36)$$

由此得到当量正态分布的标准差：
$$\sigma_{X_i'} = \frac{\varphi\{\varphi^{-1}[F_{X_i}(x_i^*)]\}}{f_{X_i'}(x_i^*)} \cdots\cdots\cdots\cdots (C.37)$$

上述计算方法是基于极限状态方差中状态变量为相互独立的假定而阐述的。对于彼此相关的变量，可将其先变换为互不相关的变量后，运用以上方法求可靠指标和破坏概率。具体的转换方法在此不予叙述，一般相关理论书籍中有详细介绍。

附 录 D
（资料性附录）
滑坡运动速度计算方法

D.1 条分法

条分法假设滑动面的形状一般为曲线，受力分析时将滑坡分为多个条块；岩质滑坡运动速度计算中认为滑坡水上部分和涉水部分均为刚体，假定条块发生位移时按刚体运动，即条块内部不发生相对位移；认为涉水滑坡运动时受到的水阻力增量的方向沿滑坡运动方向；认为当前条块所受的前后块体作用力合力矢量沿滑面方向；认为当前条块垂直滑面方向的加速度为零；认为同一时刻所有条块具有相同的加速度。将滑坡任意条块的受力沿平行于滑面和垂直于滑面方向进行分解，如图 D.1 所示。

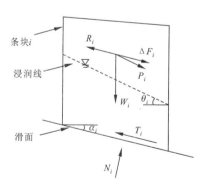

图 D.1 条块受力分析图

竖直滑面方向：

$$W_i \cos\alpha_i + P_i \sin\beta_i - N_i = 0 \quad \cdots\cdots\cdots\cdots \text{(D.1)}$$

沿滑面方向：
$$W_i\sin\alpha_i + P_i\cos\beta_i + \Delta F_i - R_i - T_i = m_i a_i \quad\cdots\cdots \quad (D.2)$$
其中：
$$\beta_i = \theta_i - \alpha_i$$
$$T_i = N_i\tan\varphi_i + c_i l_i$$
$$P_i = \gamma_w \sin\theta_i V_{id}$$
式中：

W_i——第 i 条块的重量(kN)；

α_i——第 i 条块滑面倾角(°)；

P_i——第 i 条块所受的渗透压力(kN)；

N_i——第 i 条块底面的正压力(kN)；

ΔF_i——第 i 条块所受的前后块体作用力合力(kN)；

R_i——第 i 滑体水下运动过程中受到的阻力(kN)；

T_i——第 i 条块的滑面摩擦力(kN)；

m_i——第 i 条块的质量($\times 10^3$ kg)；

a_i——第 i 条块加速度(m/s²)；

θ_i——第 i 条块地下水浸润线倾角(°)；

φ_i——第 i 条块滑动面上岩土体的内摩擦角标准值(°)；

c_i——第 i 条块滑动面岩土体的黏聚力标准值(kPa)；

l_i——第 i 条块滑动面长度(m)；

V_{id}——第 i 条块浸润线以下体积(m³)；

γ_w——水的容重(kN/m³)。

将式(D.1)和式(D.2)变换，消除 N_i，则有：
$$\Delta F_i = m_i a_i + R_i - W_i \varphi_{1i} - P_i \varphi_{2i} + c_i l_i \quad\cdots\cdots \quad (D.3)$$
其中：
$$\varphi_{1i} = \sin\alpha_i - \cos\alpha_i \tan\varphi_i$$
$$\varphi_{2i} = \cos\beta_i - \sin\beta_i \tan\varphi_i$$

对于滑坡体整体而言，ΔF_i 为内力，因而有：

$$\sum_{i=1}^{n} \Delta F_i = 0 \quad \cdots\cdots\cdots\cdots\cdots\cdots\cdots \quad (D.4)$$

根据式(D.3)和式(D.4),消除 ΔF_i 得出：

$$a_i = \frac{\sum_{i=1}^{n} W_i \varphi_{1i} + \sum_{i=1}^{n} P_i \varphi_{2i} - \sum_{i=1}^{n} c_i l_i - \sum_{i=1}^{n} R_i}{\sum_{i=1}^{n} m_i} \quad \cdots\cdots \quad (D.5)$$

根据运动学方程：

$$v_i^2 = v_{i-1}^2 + 2 a_i l_i \quad \cdots\cdots\cdots\cdots\cdots\cdots \quad (D.6)$$

式中：

v_i——第 i 条块速度(m/s)；

v_{i-1}——第 $i-1$ 条块速度(m/s)。

D.2 水阻力

在滑坡大规模运动后的一段较短的时间内,水下河床底部堆积的岩土体还没有抵达水库对岸的河床底部附近,认为滑体受到的阻力包括黏滞阻力 R_1 和河床摩擦阻力 R_2。

黏滞阻力 R_1 可用式(D.7)计算：

$$R_1 = \frac{1}{2} c_w \rho_f v_u^2 S \quad \cdots\cdots\cdots\cdots\cdots\cdots \quad (D.7)$$

式中：

ρ_f——浮密度,即岩土体的密度与水密度之差(kg/m³)；

v_u——水下条块的运动速度(m/s)；

S——水下条块被水淹没的表面积(m²)；

c_w——水的黏滞阻力系数,阻力系数是物体形状和雷诺数的函数,通常通过试验来决定。

河床的摩擦阻力 R_2 可用式(D.8)计算：

$$R_2 = C'L' + N' \tan\Phi' - G_f' \sin(\alpha_{AB}) \quad \cdots\cdots\cdots\cdots \quad (D.8)$$

式中：

C'——水下堆积体的黏聚力(kPa)；

L'——水下堆积体在河床上的长度(m)；

N'——河床作用在水下堆积体的正压力(kN)；

Φ'——水下堆积体的内摩擦角(°)。

G'_f ——水下堆积体的重力与浮力之差(kN)；

α_{AB}——滑坡发生一侧堆积体下的水下岸坡角(°)；

附 录 E
（资料性附录）
滑坡涌浪计算方法

E.1 滑坡涌浪最大首浪高度

滑坡涌浪最大首浪高度可采用式(E.1)计算：

$$\frac{H_{\max}}{h} = 1.17 \frac{v}{\sqrt{gh}} (\sin^2\theta_s + 0.6\cos^2\theta_s) \left(\frac{lt}{bh}\right)^{0.15} \left(\frac{w}{b}\right)^{0.45} \quad\quad (E.1)$$

式中：

$H_{\max}$—— 滑坡最大首浪高度(m)；

h—— 滑坡入水断面处的水深(m)；

v—— 滑坡入水过程中的最大速度(m/s)；

g—— 重力加速度(m/s^2)；

θ_s—— 本岸水下岸坡坡角(°)；

l—— 滑坡体入水长度(m)；

t—— 滑坡体入水厚度(m)；

b—— 滑坡入水断面的河道宽度(m)；

w—— 滑坡体入水宽度(m)；

$\dfrac{lt}{bh}$—— 滑坡相对单宽体积；

$\dfrac{w}{b}$—— 滑坡相对宽度。

E.2 滑坡涌浪传播浪高度

（1）滑坡涌浪沿横断面的传播浪高度可用式(E.2)计算：

$$\frac{H_\text{p}}{h} = 1.47 \frac{H_\text{max}}{h} \left(\frac{x}{h}\right)^{-0.5} \quad \cdots\cdots\cdots\cdots\cdots\cdots \quad (\text{E}.2)$$

式中：

H_p——波浪沿横断面传播至正对岸的传播浪高度(m)；

h——滑坡入江点的水深(m)；

H_max——滑坡最大首浪高度(m)；

x——横断面某处至滑坡点的距离(m)。

(2) 滑坡涌浪沿程传播浪高度可用式(E.3) 计算：

$$\frac{H_\text{x}}{h} = \frac{H_\text{max}}{h} e^{-0.4\left(\frac{x}{h}\right)^{0.35}} \quad \cdots\cdots\cdots\cdots\cdots\cdots \quad (\text{E}.3)$$

式中：

H_x——沿河道传播至某处的传播浪高度(m)；

h——滑坡入江点的水深(m)；

H_max——滑坡最大首浪高度(m)；

x——沿程某处至滑坡点的距离(m)。

E.3　滑坡涌浪爬坡高度

(1) 滑坡涌浪在正对岸爬坡高度可用式(E.4) 计算：

$$\frac{H_{\text{R}_1}}{h} = 2.3 \frac{H_\text{p}}{h} \left(\frac{90}{\alpha_0}\right)^{0.2} \quad \cdots\cdots\cdots\cdots\cdots \quad (\text{E}.4)$$

式中：

H_{R_1}——正对岸爬坡浪高度(m)；

h——滑坡入江点的水深(m)；

H_p——波浪沿横断面传播至正对岸的传播浪高度(m)；

α_0——对岸岸坡坡角(°)。

(2) 涌浪沿程爬坡高度可用式(E.5) 计算：

$$\frac{H_{\text{R}_2}}{h} = \left\{\left[2.3\left(\frac{90}{\alpha_\text{x}}\right)^{0.2} - 1\right]\cos\beta_\text{x} + 1\right\}\frac{H_\text{x}}{h} \quad \cdots\cdots\cdots \quad (\text{E}.5)$$

式中：
H_{R_2}—— 涌浪正对岸爬坡高度(m)；
h—— 滑坡入江点的水深(m)；
α_x—— 沿程岸坡坡角(°)；
H_x—— 涌浪沿河道传播至某距离 x 处的传播浪高度(m)，采用式(E.3)计算；
β_x—— 爬坡方位角(°)，$\cos\beta_x = \dfrac{b}{\sqrt{b^2+x^2}}$。

E.4 三峡库区滑坡涌浪预测评价系统

三峡库区滑坡涌浪预测评价系统是在水库滑坡运动学特征研究、涌浪在水库中传播特征研究以及物理模拟研究的基础上，综合采用ArcGIS、数据仓库技术和网络信息技术，建立集信息网络、信息资源、信息应用为一体的多层次预测评价系统(图 E.1)。

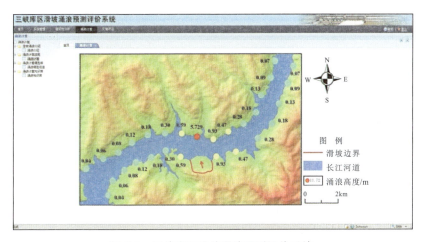

图 E.1 三峡库区滑坡涌浪预测评价系统

滑坡涌浪预测评价系统包括前处理系统、滑坡涌浪计算系统和后处理系统。前处理系统的主要功能是滑坡模型和库岸模型的建立及相应的可视化。滑坡涌浪计算系统的主要功能是滑坡稳定性计算模块、滑坡破坏概率计算模块、滑坡运动速度计算模块、首浪计算模块和涌浪传播计算模块。后处理系统根据具体滑坡的涌浪特征，在涌浪的传播范围内进行相应滑坡涌浪预警预报及风险区划，为保护库区航运及受涌浪威胁的居民生命财产的安全提供依据。

附　录　F
（资料性附录）
滑坡涌浪灾害评价与风险评估成果

F.1　区域滑坡涌浪灾害风险评估报告编写提纲

前言

说明评估任务由来、评估工作依据、主要任务和要求。

第一章　评估工作概述

一、研究区范围与概况

二、前期工作评述

三、工作方法及完成工作量

第二章　地质环境条件

一、研究区地理地质环境

（一）地理环境

简述地理位置、行政区划、交通状况、气象与水文、三峡水库运行与库水调度、社会经济状况。

（二）地质环境

简述地形地貌、地层岩性及岩土工程地质特性、水文地质条件、地质构造、新构造运动与地震。

第三章　滑坡分布特征及主要影响因素

分析研究区内所有滑坡分布特征、变形特征和主要影响因素。

第四章　滑坡稳定性与破坏概率计算

开展研究区内所有滑坡灾害在指定工况下的滑坡稳定性与破坏概率计算，并给出其评价结果，确定滑坡运动和涌浪评价的最危险工况。

第五章　滑坡涌浪预测

开展研究区内所有滑坡灾害在危险工况下的涌浪预测，包括首浪、传播浪、对岸爬坡高度等。

第六章 滑坡涌浪灾害风险评估

分别阐述居民建筑、船只、码头等承灾体易损性、价值估算与风险分析过程，并针对研究区所有的滑坡涌浪灾害风险进行比较分析，编制研究区滑坡涌浪灾害风险图，提出研究区滑坡涌浪灾害风险防控措施建议。

第七章 结论与建议

总结研究区滑坡涌浪灾害风险评估的结论和风险防控措施建议。

成果图件

研究区工程地质平面图

研究区滑坡灾害分布图

研究区典型滑坡工程地质剖面图

研究区河道内涌浪传播浪高度分布图

研究区河道内涌浪爬坡高度分布图

研究区滑坡涌浪灾害承灾体分布图

研究区滑坡涌浪灾害风险评估图

附件

专家审查意见及批复

业主委托书

数字化成果软盘或光盘

F.2 单体滑坡涌浪灾害风险评估报告编写提纲

前言

说明评估任务由来、评估工作依据、主要任务和要求。

第一章 评估工作概述

一、研究区范围与概况

二、前期工作评述

三、工作方法及完成工作量

第二章　地质环境条件

一、研究区地理地质环境

（一）地理环境

简述滑坡灾害所处的地理位置、行政区划、交通状况、气象与水文、三峡水库运行与库水调度、社会经济状况。

（二）地质环境

简述滑坡灾害所处位置的地形地貌、地层岩性及岩土工程地质特性、水文地质条件、地质构造、新构造运动与地震。

第三章　滑坡基本特征及主要影响因素

分析滑坡分布特征、规模、物质组成、水文地质条件、变形特征和主要影响因素。

第四章　滑坡稳定性与破坏概率计算

开展滑坡灾害在指定工况下的滑坡稳定性与破坏概率计算，并给出其评价结果，确定滑坡运动和涌浪评价的最危险工况。

第五章　滑坡涌浪预测

开展滑坡灾害在危险工况下的涌浪预测，包括首浪、传播浪、对岸爬坡高度等。

第六章　滑坡涌浪灾害风险评估

分别阐述居民建筑、船只、码头等承灾体易损性、价值估算与风险分析过程，编制滑坡涌浪灾害风险图，提出滑坡涌浪风险防控措施建议。

第七章　结论与建议

总结滑坡涌浪灾害风险评估的结论和防控措施建议。

成果图件

滑坡工程地质平面图

滑坡工程地质剖面图

滑坡涌浪传播浪高度分布图

滑坡涌浪爬坡高度分布图

滑坡涌浪灾害承灾体分布图
滑坡涌浪灾害风险评估图
附件
专家审查意见及批复
业主委托书
数字化成果软盘或光盘

各位专家、从业人员：

《重庆市三峡库区滑坡涌浪灾害评价与风险评估技术要求》于 2020 年 12 月 1 日发布。为进一步提高技术要求质量，提升技术要求的适用性，我们将在技术要求试行过程中继续征求意见。敬请各位专家、从业人员在技术要求使用中，如发现存在不妥之处请填写征求意见表，并通过邮件的方式发送给编制单位。

联系方式

联系人：陈丽霞

邮　　箱：lixiachen@cug.edu.cn

征求意见表

专家姓名		所在单位	
职称/职务		联系方式	
序号	章　节	意见内容	修改建议
1			
2			
…			